DK动物
家庭小百科

英国DK出版社 著
李明泽 译
王传齐 审订

科学普及出版社
·北京·

我喜欢玩捉迷藏游戏。妈妈永远不会在这里找到我!

DK Penguin Random House

Original Title: Animal Families (Special)
Copyright © Dorling Kindersley Limited, 2008, 2022
A Penguin Random House Company
本书中文版由Dorling Kindersley Limited
授权科学普及出版社出版,未经出版社允许
不得以任何方式抄袭、复制或节录任何部分。

版权所有 侵权必究
著作权合同登记号:01-2024-1933

图书在版编目(CIP)数据

DK动物家庭小百科 / 英国DK出版社著;李明泽译
. — 北京:科学普及出版社,2024.4
书名原文:Animal Families (Special)
ISBN 978-7-110-10696-9

Ⅰ.①D… Ⅱ.①英…②李… Ⅲ.①动物—青少年读物 Ⅳ.①Q95-49

中国国家版本馆CIP数据核字(2024)第051850号

策划编辑	邓　文
责任编辑	梁军霞
图书装帧	金彩恒通
责任校对	邓雪梅
责任印制	徐　飞

科学普及出版社出版
北京市海淀区中关村南大街16号　邮政编码:100081
电话:010-62173865　传真:010-62173081
http://www.cspbooks.com.cn
中国科学技术出版社有限公司发行部发行
嘉兴市海鸥纸品有限公司承印
开本:889毫米×1194毫米　1/16　印张:4　字数:80千字
2024年4月第1版　2024年4月第1次印刷
ISBN 978-7-110-10696-9/Q・298
印数:1—8000册　定价:49.80元

(凡购买本社图书,如有缺页、倒页、
脱页者,本社发行部负责调换)

FSC 混合产品
纸张 | 支持负责任林业
www.fsc.org FSC® C018179

www.dk.com

目录

4	像我们一样	34	妈妈背着我
6	动物家庭	36	隐藏和寻找
8	家庭生活	38	妈妈和我
10	新生儿	40	玩耍时间
12	母乳	42	爬树
14	兄弟姐妹	44	使用工具
16	外出探险	46	发送"信号"
18	温馨的家	48	摇摇晃晃
20	太阳升起，照耀大地	50	跟随头领
22	欢迎来到这个世界	52	骄傲的父母
24	干净整洁	54	我需要一个拥抱
26	泡一泡	56	守护安全
28	进食时间	58	睡觉时间
30	吃植物	60	再见啦
32	去捕鱼	62	术语表
		63	致谢

等等我！小短腿走路不容易啊！我们休息会儿吧！

像我们一样

你和家人在一起生活、学习、吃饭、玩耍吗？动物也一样！

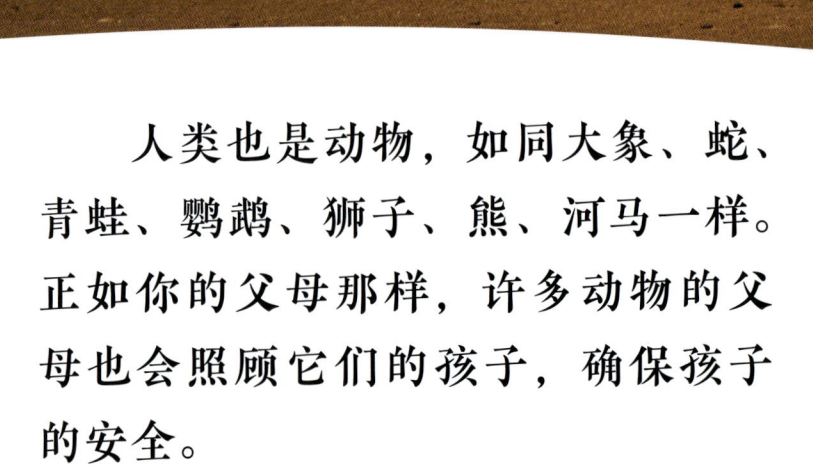

人类也是动物，如同大象、蛇、青蛙、鹦鹉、狮子、熊、河马一样。正如你的父母那样，许多动物的父母也会照顾它们的孩子，确保孩子的安全。

哪组动物家庭让你想起了

孩子学习新的技能和技巧是成长过程中的必修课。

你的父母需要确保你有足够的食物吃。

动物父母也会经常拥抱自己的宝宝，和它们一起玩耍，帮助它们清理脸部和身上的污垢。大概动物父母唯一不会做的事情就是：催促孩子写作业！

自己的家庭呢？

动物家庭

无论是父母共同生活还是分开居住,无论是独生子女还是多个孩子,无论是亲密朋友还是一群亲戚组成的群体——动物家庭的形式多种多样!

牛是一种群居动物。在一个牛群中,许多小牛可能都存在血缘关系。它们一起玩耍,一起休息,一起进食。

公鸡

> 我和我的孩子以及它们的妈妈住在一起,我是整个家族的大家长!

母鸡

与我们共同生活在一起的就是我们的

聚会

你有没有和你的朋友及家人一起出去玩过呢？和我们人类一样，这些小河马正在由两位河马妈妈一起照顾着。

人类的家庭成员也有很多不同的类型。有些家庭成员只有父母和孩子，有些家庭成员还包括祖父母、叔叔、姑姑等亲属。

头领

长颈鹿群通常由一两只强壮的成年雄性长颈鹿带领，其他长颈鹿都会跟着它们。

家人。

家庭生活

不同种类的动物有着不同的生活方式。以下列举了部分动物的生活。

浣熊妈妈独自抚养孩子。它们把孩子放在自己认为最安全的地方，比如这个舒适的原木洞里。

轮到爸爸了

海马妈妈会把卵子产在海马爸爸腹部的育儿袋里。卵子在海马爸爸的育儿袋里完成受精过程，直至被孵化成海马宝宝。

你的家庭生活是什么样的呢？

在繁殖期，一只雄性海狮会和多只雌性海狮组成一个群体。在完成繁殖任务后，雄性海狮通常会选择独自生活。

独自觅食

海狮宝宝出生后，它的妈妈通常只会在它身边照顾几天，之后就需要离开去寻找食物了。

轮流照顾

小企鹅会被父母轮流照顾。当一方出去寻找食物时，另一方就负责照看它们的宝宝。

新生儿

新生儿的到来是一个家庭中激动人心的事情。婴儿刚出生时又小又脆弱，所以他们需要成年人给予精心的照顾和呵护。动物也是一样。

牛妈妈和小牛犊

筋疲力尽

这只疲惫的猞猁妈妈紧紧地抱着它的宝宝，闭上了眼睛。

通常蓝山雀一次可以孵化 7～8 只宝宝，所以蓝山雀父母有很多嗷嗷待哺的宝宝需要照顾。

你要抓紧我呀!

猕猴

母乳

许多动物宝宝刚出生时，都是依靠妈妈的乳汁为食。随着它们渐渐长大，就可以吃成年动物吃的食物了。

红毛猩猩

人类宝宝也喝母乳，有的宝宝甚至在开始吃固体食物后仍未断奶。

雅各布绵羊

刚出生的美洲狮幼崽既看不见也听不见，所以它们无法寻找离得太远的食物。

对宝宝来说，喝母乳是

液态食物

　　一些动物宝宝喝妈妈的乳汁长大。这只饥饿的小海牛甚至可以在水下喝奶！

　　我和我的兄弟姐妹都很饿。因为妈妈有三个孩子，但它只有几个乳头。我希望能够有足够的奶喝！

棕熊

最好的——能让宝宝变得强壮。

13

兄弟姐妹

你有兄弟姐妹吗？小动物们通常会有很多，有时它们甚至是在同一时间出生的！

小猫喜欢和它的家人在一起玩耍。猫妈妈通常一胎可以生3～5只猫崽。

这些小猪生活在一个大家庭里。它们的妈妈通常一胎会生10个孩子，甚至更多。

当我们有一群兄弟姐妹的时候，

绵羊妈妈一胎可以生1～2只羊宝宝。

小狗的爱

像拉布拉多这样的大型犬一次可以产下多达 14 只小狗。瞧，真的是好多小狗啊！

满载

快数数这只秋沙鸭妈妈背上有多少个孩子吧!

在一起玩恶作剧会更有趣!

15

外出探险

> 妈妈喜欢带着我们一起去探险。

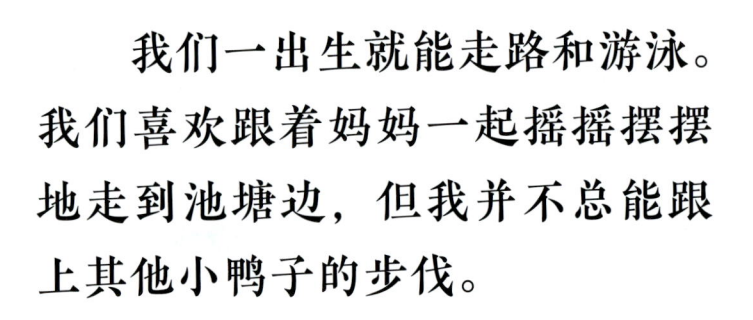

我们一出生就能走路和游泳。我们喜欢跟着妈妈一起摇摇摆摆地走到池塘边,但我并不总能跟上其他小鸭子的步伐。

天鹅妈妈和天鹅宝宝

有时我哥哥会不小心撞到我（它说这是个意外，但我可不确定）。不过没关系——如果我摔倒了，总会有其他兄弟姐妹在旁边保护我。

嘎嘎

温馨的家

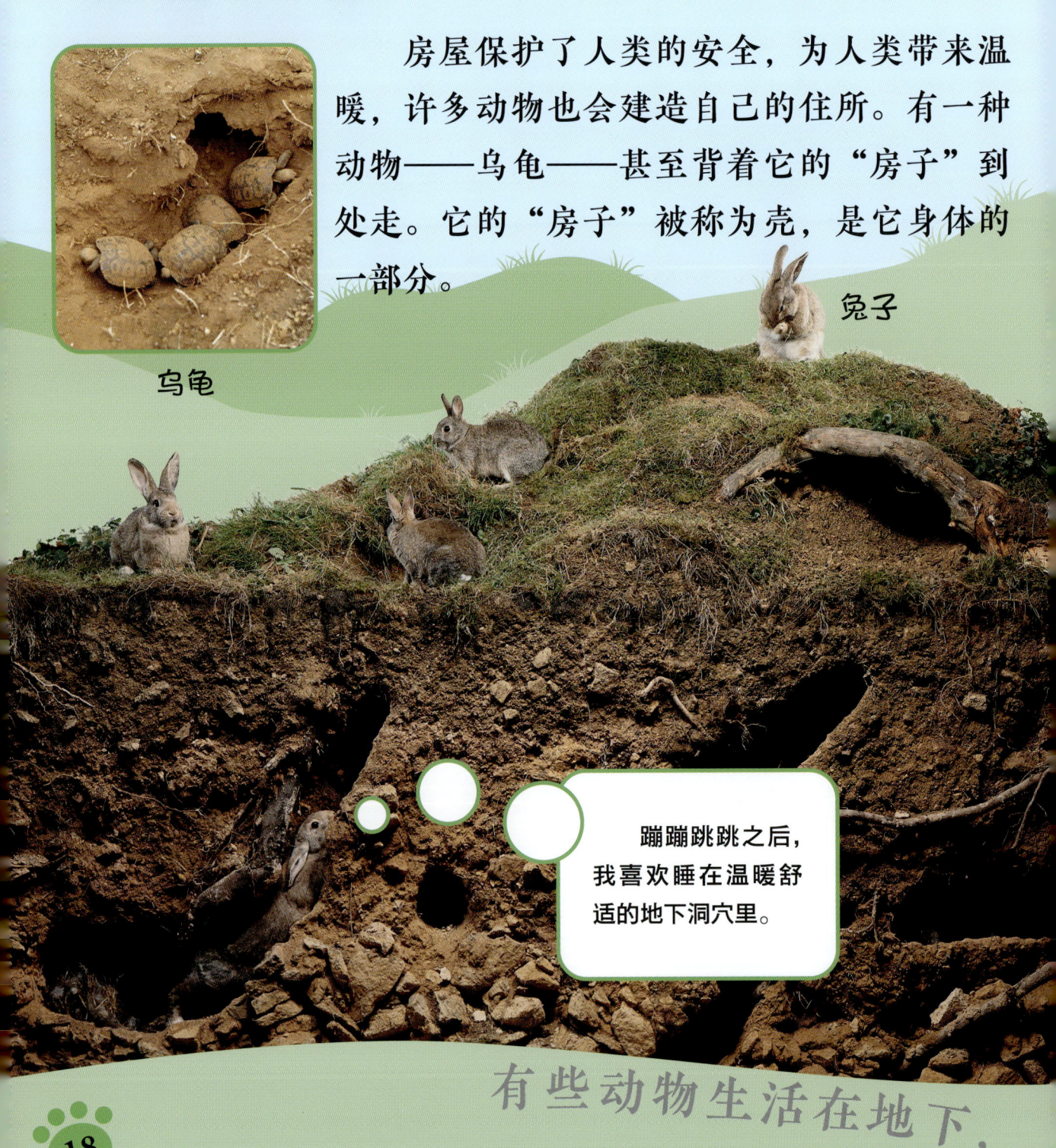

房屋保护了人类的安全，为人类带来温暖，许多动物也会建造自己的住所。有一种动物——乌龟——甚至背着它的"房子"到处走。它的"房子"被称为壳，是它身体的一部分。

乌龟

兔子

> 蹦蹦跳跳之后，我喜欢睡在温暖舒适的地下洞穴里。

有些动物生活在地下，

树屋

许多鸟都会在树洞里筑巢以保护雏鸟的安全。这些鸟用喙去捡树枝、树叶、苔藓,以及它们能找到的任何材料,作为柔软的垫子铺在巢中。

> 每天晚上,我都在树梢上用树叶和树枝为自己搭建一个窝。真希望我不会掉下来!

红毛猩猩

有些动物则生活在高高的树上。

太阳升起，照耀大地

清晨时分，当你感到温暖而困倦时，你会不想起床。动物宝宝有时也很难醒来。

赤狐宝宝在一个安全的巢穴中醒来。

斑马

这些顽皮的北极熊宝宝正在打扰它们的妈妈——不让妈妈睡懒觉。

早晨的空气闻起来很清新呢！

对野兔来说，在早晨打个大大的哈欠、伸个懒腰，是开启新一天的最佳方式。

欢迎来到这个世界

动物妈妈会通过亲吻和用鼻子蹭宝宝，来确保宝宝们感到被爱和安全。这个过程被称为"亲密关系"，会贯穿它们的整个童年时期。

大猩猩

猎豹

如果一个新手动物妈妈没有和它的孩子

安全气味

斑马宝宝在出生后的两三天内,就可以通过气味、声音及相貌来识别自己的妈妈。在这之前,它的妈妈不会让斑马群中的其他成员靠近它。

> 我用鼻子蹭、舌头舔妈妈毛茸茸的脸来了解妈妈。

啊,有点冷……

这只小海豹刚刚出生在南极洲的冰面上。它的妈妈很快就会离开它去寻找食物。海豹妈妈回来的时候,会通过气味找到它的孩子。

建立起亲密关系,它可能就不会照顾孩子。

23

干净整洁

有时有人帮你洗脸、洗手、梳头，有时这些事情你需要自己做。动物们也喜欢精心打扮自己。

兔子

赤鹿妈妈正在舔舐着它的孩子。这种舔舐不仅让小鹿感到舒适，还能帮它保持皮毛的干净整洁。

打理时间

这只狐猴宝宝有妈妈和阿姨照顾它。妈妈轻轻一舔，它的脸就干净了。

小猫

猫咪不仅给自己舔毛，还会互相舔毛。如果你的小猫舔舐你，说明它喜欢并信任你。

狒狒妈妈会花很多时间梳理并检查宝宝的皮毛。小昆虫爬进宝宝的皮毛里会引起瘙痒,所以妈妈帮它们把小昆虫找出来是件好事。

为什么孩子们从来都不清理耳朵呀?

泡一泡

大象最喜欢的事情莫过于在水坑里嬉戏。一旦它们进去，就再也不想出来了！

正如人类婴儿不能很好地控制自己的胳膊和腿一样，象宝宝的鼻子一开始也会有点儿松软。

大象用鼻子往身上喷水是为了清洁身体、降温并清除寄生在皮肤表面的小虫子。

象宝宝真的很喜欢在

为了能好好地洗个澡,我可以用鼻子吸很多水,然后把鼻子卷起来往身上喷水。

泥浆中玩耍。

进食时间

你吃蔬菜、肉或米饭，而动物幼崽则吃草、坚果或虫子。成鸟甚至会把蠕虫直接塞进雏鸟的嘴巴里。

成鸟喂食雏鸟

草场

犀牛的主要食物是草。它们像牛一样在草地上游荡，边走边吃草。

很多动物，尤其是大型猫科动物，都会捕食其他动物。当小狮子在一起玩耍打闹时，它们其实正在学习捕猎的技巧。

如果我能把这颗坚果打开，我们就可以吃里面的果仁，享用一顿美味的晚餐！

吃植物

和有的人一样，有些动物只吃植物，不吃肉。只吃植物存在的问题是：这些动物必须吃大量的食物才能获得身体所需的能量。

树袋熊

够到美食

长颈鹿有着长长的脖子，所以它们可以轻松吃到其他动物够不到的高树枝上的叶子和嫩枝。

种子、坚果和蔬菜都很美味！你是素食主义者吗？

这片森林是觅食的绝佳之地！

山地大猩猩

31

去捕鱼

开心,开心——晚上有鱼吃喽!你的爸爸妈妈是不是经常买鱼做给你吃呢?如果动物宝宝想吃鱼,它们就必须学会自己去抓。

水獭会捕捉很多鱼并吃掉它们。这位水獭妈妈向它的宝宝展示了它是如何抓鱼的。

观察并学习

海豹宝宝几乎一出生就会游泳,并且在几周大时就开始学习捕鱼。妈妈特殊的母乳会为它们增加一层厚厚的脂肪,使它们在水中保持体温。

吃鱼对你的好处和对动物宝宝的好处一样——它不仅能让你的骨骼强壮,而且对眼睛、大脑和心脏都有益处。

新鲜的鱼肉是一种

持续关注水面——当一条肥美的鲑鱼游过来时，抓住它！要稳稳地站在光滑的岩石上，不要落水哦！

棕熊

非常健康的食物。

33

妈妈背着我

当你很小的时候,你的父母会抱着你走来走去。同样地,动物父母也会以各种方式带着它们的宝宝——背在背上,放进育儿袋里,甚至用嘴巴叼着!

> 我会趴在妈妈的背上,即使在她爬上桉树吃树叶时也不例外。

树袋熊

小短腿不如大长腿那么强壮——

这只袋鼠宝宝一直待在妈妈的育儿袋里。即使年龄稍大一些，当它们跳累了的时候，也会钻进育儿袋里休息。

人类的宝宝有时也会坐在大人的肩膀上玩儿。

珍贵的"包裹"

所有的猫科动物——从狮子到猫咪——它们小时候都会被妈妈用嘴巴叼着。妈妈会非常轻柔地叼着幼崽脖子处的皮毛。

大猩猩宝宝要到九个月大才能走很远的路。在这之前，它们会骑在妈妈的背上，并紧紧抓住妈妈的皮毛。

有时它们需要帮助。

35

隐藏和寻找

有些动物很难被发现，它们会与周围的环境融为一体。动物们的伪装可以保护自身免受敌人的攻击，有时还通过隐藏自己来伏击其他动物。

鸻

岩石海岸上的鸻鸟蛋

动物通过伪装，

双重角色

这只猎豹宝宝身上毛茸茸的皮毛看起来像草，这能帮助它避免被敌人发现。当它长大后，可以凭借皮毛的颜色隐藏自己，在狩猎时伺机向猎物猛扑过去。

山羊

> 没有人能在这里找到我们——我们可以安静地啃食这些草。

让别人很难看到它的真实面目。

妈妈和我

河马喜欢水——它们的近亲是鲸和海豚。河马妈妈通常一胎只生一个宝宝。在宝宝出生后的第一年里,河马妈妈会密切关注它。

河马可以在湖底和河底行走,并且能够自主掌控在水下的行走速度。在水下,一只成年河马可以屏住呼吸约五分钟之久。

河马妈妈和宝宝一天中大部分时间都在水里度过——这让它们在炎炎烈日下保持凉爽。傍晚时分,当它们饿的时候,便会出去觅食。

在河里和岸边有很多其他动物，但只要有妈妈在我身边，我就会感到很安全。它告诉我该去哪里，并且时刻保护我，使我远离危险。

玩耍时间

什么时候才是你一天中最快乐的时光呢？当然是玩耍时间啦！动物宝宝也喜欢玩耍——这是学习和成长的重要组成部分。

红毛猩猩

妈妈，快看呀！我弟弟自己用双脚站起来了。很快它就会长成一头大棕熊了。

玩耍很有趣！可以帮助你学习、

40

黑猩猩蹦床

这只黑猩猩妈妈正和它的宝宝在一起玩耍，以此来表达它的爱。你喜欢和谁一起玩耍呢？

有些玩耍看起来像是激烈的"战斗"，但大多都是假象。一场"打架"可以帮助小猫学习如何在野外捕食和生存。

小猫

滑啊滑啊滑

帝企鹅从来都不希望下雪！因为它们在南极的冰面上滑得很开心！

锻炼并交到朋友。

41

爬树

你喜欢爬树吗？有些动物生活在树上，玩耍在树上，所有的食物来源也在树上。

棕熊

攀爬树枝可以使我的肌肉强壮。等我长大了，由于体形过大，我就不能爬这么高了！

浣熊

这只豪猪妈妈和宝宝正趴在树上吃树叶和树皮。如果它们吃得太多，这棵树很可能会枯死。

在树上玩耍可以得到很好的

树梢上的生活

　　毛茸茸的三趾树懒几乎一生都在树上游荡。它们每周只下地一次去排便。

　　我不喜欢走得太快。只要我一天能爬一两棵树,我就会很高兴。

锻炼——前提是不要掉下来!

43

使用工具

就像你用勺子或叉子获取食物一样，黑猩猩会用棍子收集它们觉得美味的昆虫。

> 我觉得这里面有更多美味多汁的蚂蚁。

只有最聪明的动物

黑猩猩有时会咬一咬棍子的末端，以便更容易将棍子插入蚂蚁或白蚁的蚁穴中。

俘虏"晚餐"

为了更容易找到诱人的白蚁，黑猩猩会直接坐在蚁穴顶部，这真是个好主意！

除了人类，只有少数其他动物会使用工具，比如猿、猴、海獭及一些鸟类等。

才能找到并使用工具。

发送"信号"

　　妈妈，你在哪里？动物宝宝和父母能通过多种方式相互交流。一只迷路的企鹅宝宝能从成千上万只企鹅中分辨出母亲的声音。但亲子间的沟通不仅仅局限于声音……

企鹅

下达指令

海豹妈妈会用咕噜声和触摸来表达对刚出生的宝宝的关爱与保护。

动物父母用各种各样的"信号"来安抚、

吱吱……跟紧我！我要唱歌了。

狐獴

瓶鼻海豚

注意安全

在警惕的狐獴爸爸的守护下，狐獴宝宝玩耍时会很安全。狐獴宝宝可以从狐獴爸爸站立的姿势，以及它看孩子们的神情中，知道爸爸正在照看它们。

保护、教育它们的宝宝。

摇摇晃晃

几乎所有的草食性动物，比如马、羚羊和斑马，在出生后的一小时内就必须自主站立。所以，它们如果有点儿摇摇晃晃，并不奇怪！

> 我的腿又细又长，很难保持平衡！

角马宝宝出生后需要迅速站立并行走——它们所在的群体总是在移动中，所以它们在出生后约 20 分钟就得开始奔跑。

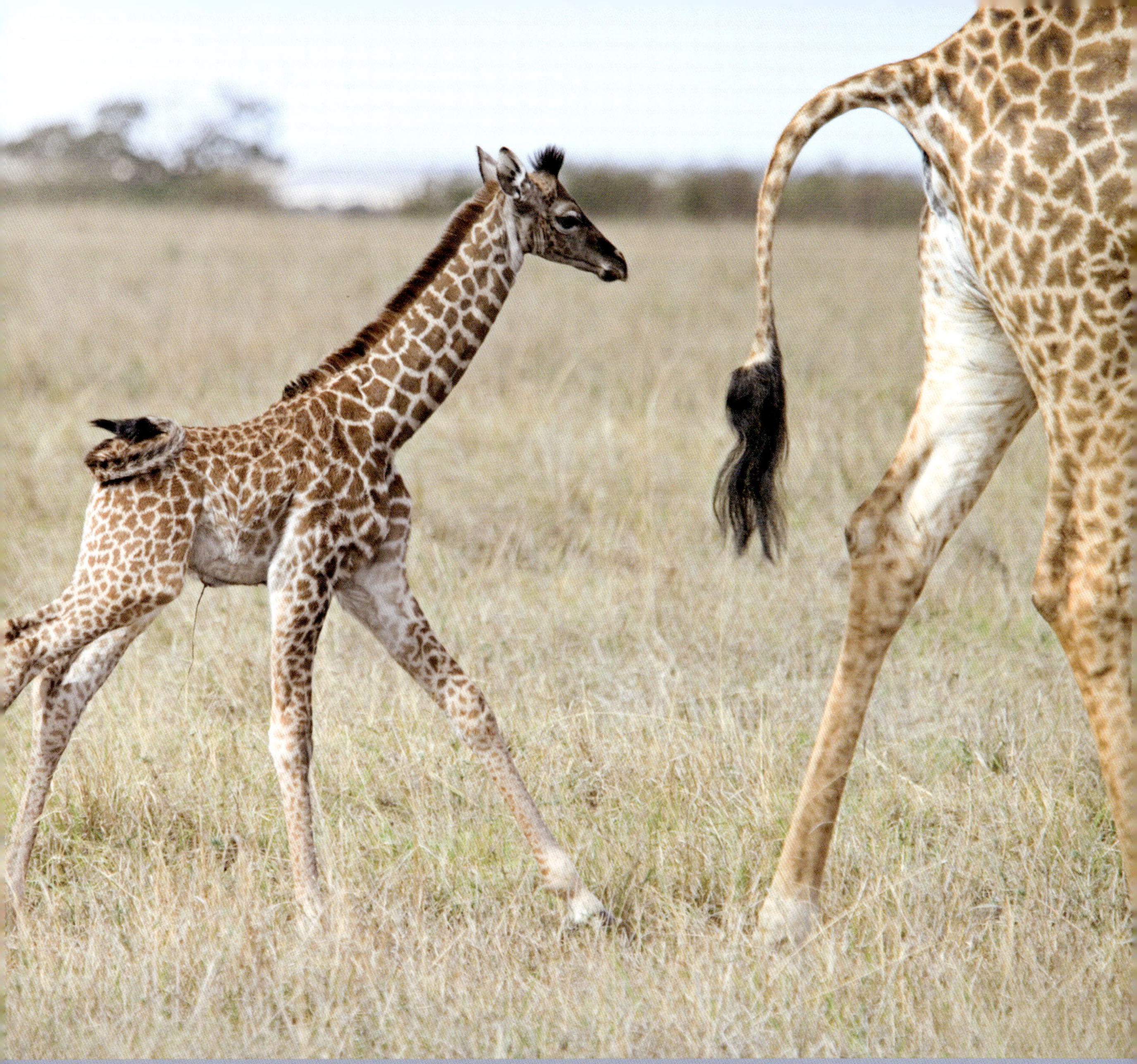

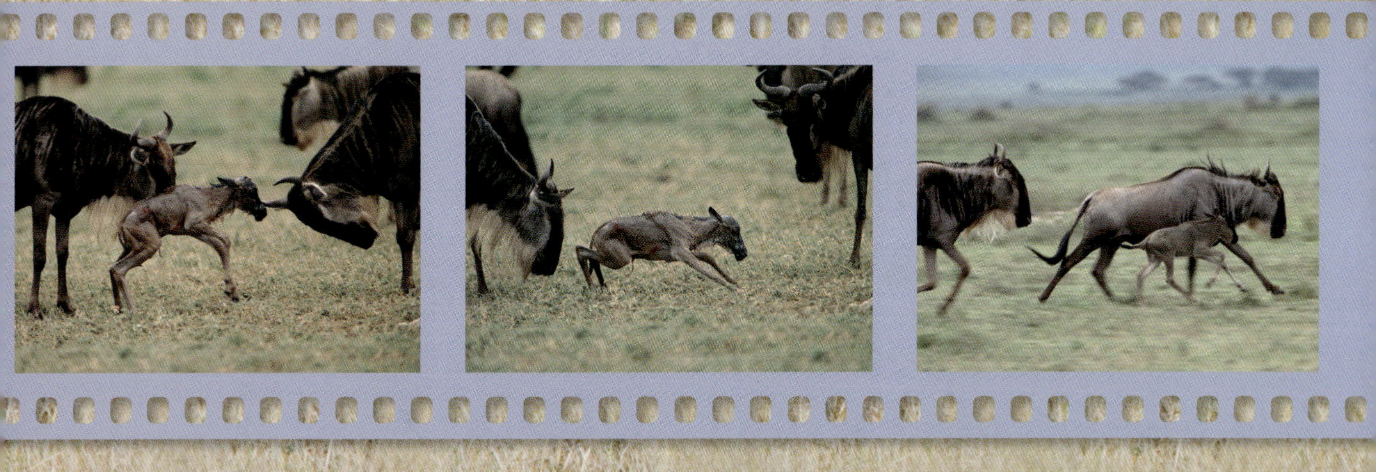

跟随头领

当一群动物从一个地方迁徙到另一个地方时,通常由群体内的一只成年动物带路,幼崽和其他个体跟在后面。

北极熊妈妈外出觅食时,它的宝宝会陪在身边。这可能是北极熊宝宝出生以来的第一次外出,同时也是北极熊妈妈第一次带它们外出。

企鹅幼崽

大家这边走!

雌性象群首领负责带领整个象群。当象群集体出发寻找水源时,它就会走在队伍的最前方。

我有这么多宝宝需要照顾——希望它们一个都不会走丢!

幼狮

骄傲的父母

狮子是丛林之王——凶猛的猎手令其他动物都感到害怕。然而，当遇到它们的孩子时，狮子妈妈和爸爸就如同大猫咪一般温柔。

你好，妈妈

当狮子宝宝与妈妈亲密接触时，它会趴在妈妈身旁，享受妈妈友好、轻柔的"抚摸"。

有时，人类婴儿会在无意中因为抓挠或啃咬而弄疼父母。

慈爱的父母通常会允许孩子

小心——这不是抚摸，而是抓挠——会很疼！

适度的调皮捣蛋。

53

我需要一个拥抱

当你感到疲惫、悲伤或害怕时,一个拥抱是最美好的事情。动物也会以最适合的方式安慰家人。

这些环尾狐猴都想同时得到妈妈的拥抱。

没事的,没事的

大象不能像我们人类一样互相拥抱,但年长的象姐姐用鼻子也会给予同样的抚慰效果。

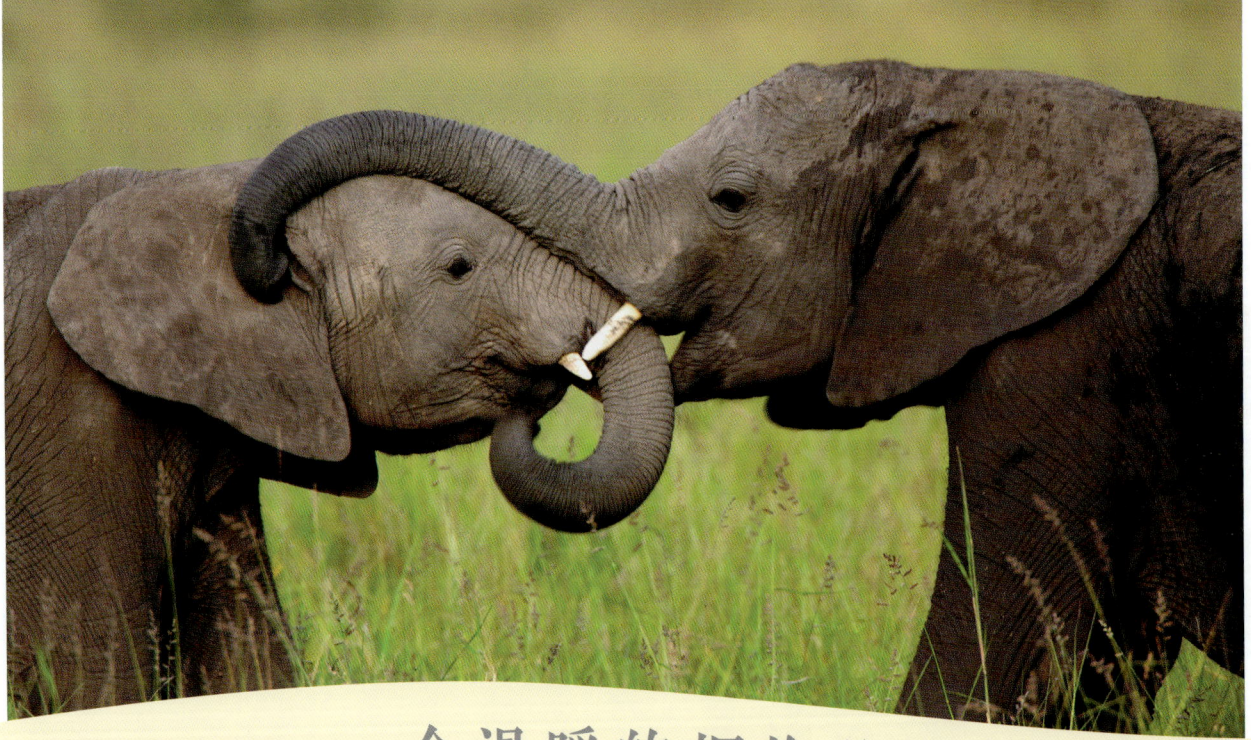

一个温暖的拥抱总是

猕猴

我会在宝宝出生后照顾它们好几年,余生也会与它们保持联系。

能够让你感觉更好。

55

守护安全

在动物王国,所有的父母都会尽一切努力保护孩子的安全。它们的保护方式多种多样。

全神贯注

狐獴一家在温暖的阳光下觅食。孩子们在地上搜寻昆虫,而成年狐獴则负责在一旁保护它们。

北极熊

当我感到害怕时，我会躲在妈妈毛茸茸的、高大的身体后面。

一旦遇到危险，麝牛父母会把它们的宝宝围在中间，时刻准备击退敌人。

57

睡觉时间

有的动物宝宝在晚上睡觉,有的则在白天睡觉;有的睡在巢里,有的睡在树上,还有的只需寻找一块不错的地方就可以休息啦。

睡鼠

我们喜欢在白天阳光炽热的时候睡觉,而在凉爽的夜晚外出觅食。

呼呼呼……

在树梢上

松鼠猴整天都待在树上，包括睡觉也在树上。它们拥有特殊的本领，可以防止自己从树上掉下去。

白天活动、晚上睡觉的动物（像你和我一样）被称为昼行性动物。白天睡觉、晚上活动的动物被称为夜行性动物。

猫头鹰宝宝也睡在树上。它们依偎在一根安全的树枝上。

呼呼呼……

再见啦

现在你已经看过很多动物宝宝是如何与家人生活在一起的。你最喜欢哪种动物宝宝呢?

黑猩猩

常回来看看我们哟!

我们现在要去寻找新的觅食地，在凉爽的河流和湖泊中玩耍，探索广袤的乡野！

术语表

当你通过阅读本书学习有关动物的知识时，这些特殊词汇会帮助你更好地理解书中的内容。

本能： 动物从出生起就存在的本领技能（无须后天学习），这有助于它们生存。

捕猎： 动物捕食其他动物。

哺乳动物： 靠母体分泌乳汁哺育后代的动物。

雌性首领： 负责领导一群动物的雌性个体。

繁殖： 动物生育后代。

迁徙： 为了觅食或繁殖，周期性地从一个地区迁移到另一个地区。

亲密关系： 当父母和孩子们相互了解并且相亲相爱时，就会产生亲密关系。

亲戚： 有婚姻或血统关系的家庭成员，如兄弟姐妹、叔叔阿姨等。

群居动物： 聚集在同一区域或环境内的动物群体。

乳头： 乳房上圆球形的突起，是供幼儿吸吮乳汁的部位。

养育： 抚养和教育。

夜行性动物： 白天睡觉、晚上活动的动物。

昼行性动物： 白天活动、晚上睡觉的动物。

致谢

The publisher would like to thank the following for their kind permission to reproduce their photographs:
(Key: a-above; b-below/bottom; c-centre; l-left; r-right; t-top):

Alamy Images: Arco Images 14tl; Steve Austin/ Papilio 9bl; Blickwinkel/ Kaufung 24cl; Blickwinkel/ Weber 6tr; Andrew Fox 29bc, bl, br; Jonathan Hewitt 26c; Juniors Bildarchiv 6b; Erich Kuchling/ Westend 61 15c; Thomas D Mangelsen/ Peter Arnold, Inc. 33; Martin Phelps 14c; Photo Network/ Bill Bachmann 4bl; Steve Bloom Images 7tc, 28bc, br; Duncan Usher 21br, 24tl; Brent Ward 7br; WorldFoto 46tr. **Ardea:** Uno Berggren 19tr; Elizabeth Bomford 32cl; John Daniels 54tl; Jagdeep Rajput 60-61. **Corbis:** O. Alamany & E. Vicens 11t; Tom Brakefield 55; W. Perry Conway 10c; George McCarthy 11br; Joe McDonald 28cr; Paul Souders 22tl, 27; Gabriela Staebler/ Zefa 23tr; Kennan Ward 57br. **DK Images:** Barleylands Farm Museum and Animal Centre, Billericay 15cla; Two Hand Promotions 7cl, 22-23, 30crb,

> 学习很有趣，但有些事情确实很难。我妈妈会帮助我学习和理解这些事情。

鹿

你知道的词汇就会越来越多。

37tl, 38bc, br, 39bc, bl, br, 52c, 53, 56c, 59t. **Michael Fiddleman 2008:** 9tl. **FLPA:** Tui De Roy/ Minden Pictures 18tl; Tim Fitzharris/ Minden Pictures 42cr; Michael & Patricia Fogden/ Minden Pictures 43; Sumio Harada/ Minden Pictures 37b; Mitsuaki Iwago/ Minden Pictures 34; Frans Lanting 1, 32cr; Yva Momatiuk & John Eastcott/ Minden Pictures 40b; Pete Oxford/ Minden Pictures 29t; Fritz Polking 31; Ingo Schulz/ Imagebroker 35tl; Jurgen & Christine Sohns 46c; Sunset 41cr; Tom Vezo/ Minden Pictures 36cla; Michael Weber/ Imagebroker 47r; Konrad Wothe/ Minden Pictures 36b, 42br, cl; Norbert Wu/ Minden Pictures 23cr. **Getty Images:** James Balog 44-45; The Image Bank/ Andy Rouse 52tl; The Image Bank/ Daniel J. Cox 8cr; The Image Bank/ Joseph Van Os 50-51; Beverly Joubert/ National Geographic 38-39t; Jochen Luebke/ AFP 38cl; Michael Melford 54b; Minden Pictures/ Norbert Wu 8bl; Minden Pictures/ ZSSD 60tl; Photographer's Choice/ Daniel J Cox 20cra; Photographer's Choice/ Johan Elzenga 5br; Photographer's Choice RR/ Ronald Wittek 8tl; Reportage/ Paula Bronstein 2; Riser/ Darrell Gulin 25; Robert Harding World Imagery/ Thorsten Milse 21tr, 50cra; Science Faction/ Konrad Wothe 9tr; Manoj Shah 45tr; Stone - Daniel J Cox 56-57; Stone/ Anup Shah 58c; Stone/ David Trood 4-5t; Stone/ Jose Luis Pelaez 5cr; Taxi/ Benelux Press 28tl; Taxi/ Stan Osolinski 51tl. **iStockphoto.com:** Debra McGuire 47. **naturepl.com:** Eric Baccega 3, 13b; Bernard Castelein 59cr; Todd Pusser 13tr; Gabriel Rojo 12cr; Anup Shah 12tl, 40tl, 41tr, 48bc, br, cl, 49bc, bl, br; Shattil & Rozinski 63; Carol Walker 48-49; Wegner/ Arco 35cr. **NHPA/ Photoshot:** Stephen Dalton 58tl. **Photolibrary:** OSF/ Rob Nunnington 20-21; OSF/ Mike Powles 24cr. **PunchStock:** Digital Vision 10tr, 16-17; Photodisc/ John Giustina 5tr. **Still Pictures:** Compost/ Visage 19b. **SuperStock:** Age Fotostock 16clb; ZSSD 30tl.

Jacket images: *Front:* **Getty Images:** Robert Harding World Imagery/ Thorsten Milse. *Back:* **Alamy Images:** Steve Bloom Images c; **Corbis:** Paul Souders cl.

All other images © Dorling Kindersley

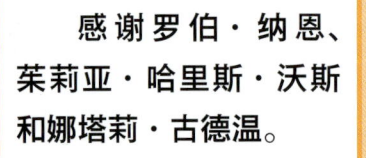

感谢罗伯·纳恩、茱莉亚·哈里斯·沃斯和娜塔莉·古德温。